上海市工程建设规范

城市居住地区和居住区
公共服务设施设置标准

Standard for public facilities of
urban residential area and district

DG/TJ 08－55－2019
J 10059－2019

主编单位：上海市规划和自然资源局
　　　　　上海市城市规划设计研究院
批准部门：上海市住房和城乡建设管理委员会
施行日期：2020 年 5 月 1 日

同济大学出版社

2020　上海

图书在版编目(CIP)数据

城市居住地区和居住区公共服务设施设置标准/上海市规划和自然资源局,上海市城市规划设计研究院主编.
--上海:同济大学出版社,2020.5

ISBN 978-7-5608-9199-6

Ⅰ.①城… Ⅱ.①上… ②上… Ⅲ.①城市-居住区-城市公用设施-标准-上海 Ⅳ.①TU984.251-65

中国版本图书馆 CIP 数据核字(2020)第 036780 号

城市居住地区和居住区公共服务设施设置标准

上海市规划和自然资源局
上海市城市规划设计研究院　　主编

策划编辑　张平官

责任编辑　朱　勇

责任校对　徐春莲

封面设计　陈益平

出版发行　同济大学出版社　　www.tongjipress.com.cn

　　　　　(地址:上海市四平路 1239 号　邮编:200092　电话:021-65985622)

经　　销　全国各地新华书店

印　　刷　浦江求真印务有限公司

开　　本　889mm×1194mm　1/32

印　　张　1.75

字　　数　47 000

版　　次　2020 年 5 月第 1 版　　2020 年 5 月第 1 次印刷

书　　号　ISBN 978-7-5608-9199-6

定　　价　15.00 元

上海市住房和城乡建设管理委员会文件

沪建标定〔2019〕795 号

上海市住房和城乡建设管理委员会
关于批准《城市居住地区和居住区公共服务设施
设置标准》为上海市工程建设规范的通知

各有关单位：

由上海市规划和自然资源局、上海市城市规划设计研究院主编的《城市居住地区和居住区公共服务设施设置标准》，经我委审核，现批准为上海市工程建设规范，统一编号 DG/TJ 08－55－2019，自 2020 年 5 月 1 日起实施。原《城市居住地区和居住区公共服务设施设置标准》(DG/TJ 08－55－2006)同时废止。

本规范由上海市住房和城乡建设管理委员会负责管理，上海市规划和自然资源局负责解释。

特此通知。

上海市住房和城乡建设管理委员会
二〇一九年十二月五日

前　言

本标准是根据上海市城乡建设和管理委员会《关于印发〈2015年上海市工程建设规范编制计划〉的通知》(沪建管〔2014〕966号)要求,由上海市规划和自然资源局、上海市城市规划设计研究院任主编单位,在2006年颁布实施的《城市居住地区和居住区公共服务设施设置标准》DGJ 08－55－2006(以下简称2006《标准》)的基础上修订而成。

本标准在修订过程中,编制组深入调查研究,认真总结实践经验,结合现行规划编制和管理要求,参考了国家和上海市有关标准和研究成果,并广泛征求了相关部门和专家的意见,经过反复讨论和修改,通过专家审查定稿。

本标准的主要内容有:总则;术语;公共服务设施布局原则与设置要求;公共服务设施设置指标;设施实施原则;附录 A。

本次修订的内容主要包括对2006《标准》各章节内容进行梳理整合,修改并完善相关术语;结合上海城市空间、土地利用发展新趋势,加强对社区生活圈理念的落实及设施间集约共享的引导;调整居住区设施分级规模,优化了部分设施的控制指标与设置规定;与现行相关国家标准、行业标准、建设标准进行对接与协调。

各有关单位和相关人员在执行、应用本标准过程中,如有意见或建议,请及时反馈至上海市城市规划设计研究院课题组(地址:上海市铜仁路331号;邮编:200040;E-mail:contact@supdri.com),或上海市建筑建材业市场管理总站(地址:上海市小木桥路683号;邮编:200032;E-mail:bzglk@zjw. sh. gov. cn),以供修订时参考。

主 编 单 位:上海市规划和自然资源局
　　　　　　上海市城市规划设计研究院
主要起草人员:骆　惊　奚文沁　奚东帆　吴秋晴　过甦茜
　　　　　　诸　军
主要审查人员:沈　迪　夏丽萍　苏功洲　熊鲁霞　叶梅唐
　　　　　　黄　怡　叶　晖

上海市建筑建材业市场管理总站

2019 年 11 月

目　次

Contents

1 总 则

1.0.1 为合理进行城市居住地区和居住区公共服务设施设置，满足居民日益提高的物质和精神生活的需要，有效地使用土地资源，提高规划设计质量，根据现行国家标准《城市居住区规划设计标准》GB 50180，结合本市实际情况，落实《上海市城市总体规划（2017－2035 年）》对于社区生活圈的构建理念，制定本标准。

1.0.2 本标准适用于本市行政区域内城市化地区新建的居住地区和居住区公共服务设施的规划、设计、建设和管理。改造的居住地区和居住区的公共服务设施在技术条件相同的情况下，也可按本标准执行。

1.0.3 居住地区和居住区公共服务设施的设置，应贯彻方便市民、节约用地和资源共享的原则。

1.0.4 居住地区和居住区公共服务设施的设置除应符合本标准外，尚应符合国家和本市现行有关标准的规定。

2 术 语

2.0.1 城市化地区 urbanized area

指市域范围内的主城区、新城、新市镇,不包括农村居民点。

2.0.2 主城区 main city

包括中心城及主城片区。中心城是上海全球城市主要功能集聚区,以外环线作为中心城边界。主城片区指中心城周边的虹桥、川沙、宝山、闵行四片集中城市化地区,与中心城共同发挥好全球城市功能作用。

2.0.3 新城 new cities

指市域范围内,对长三角区域具有辐射带动作用并具备次级城市功能与规模,按照大城市标准进行设施建设和服务配置的综合性节点城市。新城与主城区共同承载上海全球城市功能。

2.0.4 新市镇 new towns

指市域范围内发挥支撑新城、服务乡村功能的城镇。根据功能特点可分为核心镇、中心镇和一般镇。

2.0.5 控制性指标 regulatory standard

指居住地区和居住区在规划、设计和建设时必须参照执行的(规定性)指标。

2.0.6 指导性指标 introductory standard

为推荐性指标,居住地区和居住区在规划、设计和建设时可根据实际需求作出调整。

2.0.7 公共绿地 public green space

指满足规定的日照要求,适合于安排游憩活动及其他微型公共服务设施、供居民共享的集中绿地,包括各级城市公园、小游园和街坊绿地及其他块状、带状绿地等。

2.0.8 绿地率 green space rate

指居住区用地范围内各类绿地面积的总和与居住区用地面积的比率。

绿地应包括:公共绿地、宅旁绿地、公共服务设施附属绿地和道路绿地(即道路红线内的绿地),其中包括方便居民出入的、地下或半地下建筑上能满足植物绿化覆土要求的绿地,不应包括屋顶、晒台等处的人工绿地。

2.0.9 居住地区和居住区公共服务设施 public facilities of urban residential area and district

居住地区级公共服务设施包括文化设施、体育设施、教育设施、医疗卫生设施、养老福利设施、绿地设施、市政设施和其他等八类设施。居住区级公共服务设施包括行政管理设施、文化设施、体育设施、教育设施、医疗卫生设施、商业设施、养老福利设施、绿地、市政公用设施和其他等十类设施。

2.0.10 品质提升类设施 quality improvement facilities

指为了提升社区居民的生活品质,根据人口结构、行为特征、居民需求等可选择设置的设施。

3 公共服务设施布局原则与设置要求

3.1 基本规定

3.1.1 居住地区和居住区人口规模和用地规模,应依据上海市城市规划体系中相关层级的规划确定。居住地区人口规模宜为20万人,居住区人口规模宜为5万人,街坊人口规模宜为0.5万人。

3.1.2 居住地区和居住区公共服务设施的指标,应与居住人口规模相对应。其配建设施的面积总指标,可根据规划布局统一安排。

3.1.3 居住地区和居住区公共服务设施的用地面积和建筑面积指标分为控制性指标和指导性指标两类。

3.1.4 居住地区和居住区在规划、建设时,应考虑未来发展,预留公共服务设施发展空间。公共服务设施发展备用地、分期实施的地块,近期可按实施条件设置临时绿地等。

3.1.5 根据不同地区的实际情况,兼顾老年人、儿童、青少年、残障人士等不同社会群体的需求,可差异化地配置公共服务设施。租赁住房、保障性住房等应根据具体情况配置社区级公共服务设施、基础教育设施等。

3.1.6 居住区公共服务设施设置应考虑社区建设和网格化管理的需要。

3.1.7 居住地区和居住区公共服务设施应按照住宅建设规模和本标准,统一规划、设计和建设,并与住宅同步建设。

3.1.8 对执行设施配置确有困难的旧城更新地区,其公共服务设施可差别配置,指标可折减,但不得小于本标准的60%,或不得低于改造前的用地面积。

3.2 布局原则

3.2.1 构建安全、舒适、友好的社区生活圈,建立配套齐全、功能完善、布局合理、使用便利的公共服务设施体系。在步行可达的范围内,配置各类公共服务设施。

3.2.2 公共服务设施的布局应利于居民便捷使用及设施自身运行。鼓励依托轨道交通站点、公交枢纽等空间,综合设置各类公共服务设施。同时,构建完整的低碳步行网络,并与城市公共交通体系有效连接。

3.2.3 在满足使用功能互不干扰的前提下,各类公共服务设施宜综合设置。

3.3 设置要求

3.3.1 构建功能综合、空间集聚的各级居住地区和居住区公共服务中心,宜立体、集约化布局,提供便捷、高效的"一站式"生活服务。居住地区中心、居住区中心应设置在区位适中、交通便捷、人流相对集中的地方,应结合交通枢纽、公共绿地,沿主要生活性道路布置。邻里中心可每1.5万人设置1处,应与居住区慢行网络及公共空间系统统筹布局,保证一定的活动空间及可达性,可根据实际社区需求及建设运营条件,灵活配置商业服务、文化教育、体育卫生、养老福利等服务内容。

3.3.2 社区文化活动中心应根据服务人口和合理的服务半径、兼顾行政辖区和网格化管理的要求设置。

3.3.3 地区级体育场(馆)应设在交通便捷的地段,避免对其他设施的干扰。在条件许可的情况下,可与高级中学、社会教育学院等的体育场(馆)设施共用,在有保障措施和有一定的开放时间的条件下,可计入居住地区运动场的面积指标。

居住区运动场应独立设置。如中学、小学运动场向社会开放,在有保障措施和有一定的开放时间的条件下,学校向社会开放设施的用地可按20%折算为居住区级相应设施用地指标。

社区公园、小尺度广场、游泳馆、足球场、篮球场、健身点等各类体育运动场地和休憩健身设施宜网络化布局,满足市民各类健身需求。

3.3.4 基础教育设施包括幼儿园、小学、初中、高中等。每5万人应配置1所高中,每2.5万人应配置1所初中和1所小学,每1万人应配置1所幼儿园,幼儿园包括婴幼儿早期教育指导机构,有条件的新建幼儿园宜配建托班。应根据服务人口规模和结构特征,确定基础教育设施的班级数和相应的建设规模。

改造的居住地区和居住区确实难以按标准落实用地的,应保证基础教育设施的建筑面积符合设置标准,用地面积可有一定比例的折减。折减系数分为内环内地区、主城区内环外地区、新城新市镇三类标准,详见附录A中表A.4。现状学校改造,其用地和建筑面积可根据实际情况确定,但不得小于原规模。

新建中学用地南北向最大长度不得小于120m,新建小学用地南北向最大长度不得小于80m。

支持社会力量依法开办托育机构。在居住、就业集中建成区域,鼓励结合住宅配套服务设施、商务办公、教育、科研、文化等建筑,综合设置幼儿托育设施,建筑面积不低于360m^2(只招收本单位、本社区适龄幼儿且人数不超过25人的,建筑面积不低于200m^2)。托育机构应为幼儿提供户外活动场地。

3.3.5 居住地区级医疗中心(区域医疗中心)和社区卫生服务中心应设在交通方便、环境安静地段,宜与绿地相邻。

居住区内药店可分设几处,但应至少有1处与社区卫生服务中心相邻布置。

3.3.6 室内新建菜市场,宜与社区中心或者其他适当的公共建筑合建,有条件的也可独立设置,不宜直接设于住宅底层或裙房。室内菜场应设在运输车辆易进出的相对独立地段,并有停车卸货场地。

3.3.7 行政区级养老机构宜每 10 万常住人口设置 1 处,居住区级养老机构宜每 2.5 万常住人口设置 1 处。每 1.5 万人宜配置 1 处日间照料中心,每 0.5 万人宜配置 1 处老年活动室。养老机构宜独立设置。老年人日间照料中心、老年活动室等设施宜布局在建筑物三层以下位置,应设有无障碍设施,且临街布置,方便到达。

3.3.8 居住区级设施中除社区卫生服务中心、设施预留用地以外,其他居住区级公共服务设施宜综合设置。执行用地面积配置要求确有困难的建成区,应保证设施的建筑面积符合设置标准,用地面积可有一定比例的折减。折减系数分为内环内地区、主城区内环外地区、新城新市镇三类标准,详见附录 A 中表 A.4。

3.3.9 下列设施宜在合理的服务半径内集中设置:

1 街道办事处、城市管理监督、税务、工商等集中设置为社区行政管理中心。

2 综合健身馆、游泳池、运动场等集中设置为社区体育中心。

3.3.10 新建居住区内的绿地率不应低于 35%,其中用于建设集中绿地的面积不得低于居住区用地总面积的 10%。按照规划成片改建、扩建居住区的绿地率不应低于 25%。人均居住区级及以下级公共绿地面积不得低于 4m²。

3.3.11 根据现行上海市工程建设规范《建筑工程交通设计及停车库(场)设置标准》DG/TJ 08-7 相关配置要求,住宅机动车与非机动车停车位根据三类地区采取不同标准差异化配置,落实居住地区的配建停车泊位,具体见附录 A 中表 A.5 和表 A.6。停车设施应符合"小型、分散、就近服务"的原则。宜采用地下、地上多层停车楼、机械停车库等多种方式,提高停车容量,预留远期发展的停车空间。为鼓励公交出行,轨道交通站点 500m 服务范围内的商业服务业、商务办公、住宅建筑,机动车停车配建标准宜按照 0.8 的系数进行折减。

公共服务设施应按有关规定配置停车设施,其停车库(场)可向社会开放。

在公共活动中心等人流较多的区域,应设置公共停车库(场)。

轨道交通站点周边宜设置公交车站、非机动车停车场、公共自行车租赁点、出租车候客泊位等接驳换乘设施,且与这些设施距离不宜大于 150m。在居住区内城市道路上应设置一定数量的出租车候客站。

3.3.12 公共服务设施应按有关规定设置无障碍设施。

3.3.13 市政基础设施和其他设施应根据专业规划及详细规划合理设置,并与周围建筑相协调,避免影响居住环境及城市景观。

3.3.14 新建居住区中的地区级中心,每 $1km^2$ 宜设置 6 座公共厕所;一般居住区,每 $1km^2$ 宜设置 3 座或每 10 000 人设置 1 座公共厕所。

3.3.15 民防设施的设置应根据相关规定的要求,贯彻平战结合的原则,与城市地下空间的开发利用相结合。

3.3.16 地区级的文化、体育设施可与居住区级的同类型公共服务设施结合设置。在上一层次的指标满足的情况下,其下一层次的用地指标可适当折减。地区级文化、体育设施 500m 范围内的居住人口,可不计入居住区级文化、体育设施的服务人口。

4 公共服务设施设置指标

4.0.1 居住地区级公共服务设施总建筑面积千人指标为 $358m^2 \sim 397m^2$；总用地面积千人指标为 $844m^2 \sim 1116m^2$（其中控制性指标为 $824m^2 \sim 1096m^2$）。

4.0.2 居住区（含居住区级、街坊级）公共服务设施总建筑面积千人指标为 $2\,936m^2 \sim 3\,011m^2$（其中控制性指标为 $2\,572m^2 \sim 2\,647m^2$）。其中：居住区级千人指标为 $2\,561m^2 \sim 2\,636m^2$，街坊级千人指标为 $375m^2$。

4.0.3 居住区（含居住区级、街坊级）公共服务设施总用地千人指标为 $8\,034m^2 \sim 9\,209m^2$（其中控制性指标为 $7\,116m^2 \sim 8\,278m^2$）。其中：居住区级千人指标为 $4\,819m^2 \sim 5\,986m^2$，街坊级千人指标为 $3\,215m^2 \sim 3\,223m^2$。

4.0.4 应在控制性详细规划编制单元范围内明确品质提升类设施的类型、规模、布局等，各类品质提升类设施的总建筑面积应根据地区实际需求确定，一般不宜低于 $100m^2/$千人。

在居住区及街坊层面，应结合实际建设情况，细化落实品质提升类设施的具体项目、内容和设置要求，具体要求见附录 A 中表A.2和表 A.3指导性指标要求。

表 4　居住区公共服务设施分类分级面积表(总指标)

分类＼分级	(1)居住区级		(2)街坊级		(3)总指标＝(1)+(2)	
	建筑面积(m²/千人)	用地面积(m²/千人)	建筑面积(m²/千人)	用地面积(m²/千人)	建筑面积(m²/千人)	用地面积(m²/千人)
行政管理	56～80	57～72	80	33	136～160	90～105
文化	116	100	30		146	100
体育	52	240		72～80	52	312～320
教育	1 674	1 705～2 842			1 674	1 705～2 842
医疗卫生	80～105	60			80～105	60
商业	286	148	120		406	148
养老福利	176	152	60		236	152
绿地		2 000		2 000		4 000
市政公用	121～147	257～272	85	1 110	206～232	1 367～1 382
其他		100				100
合计	2 561～2 636	4 819～5 986	375	3 215～3 223	2 936～3 011	8 034～9 209

5 设施实施原则

5.0.1 行政管理类设施应由政府投资实施。

5.0.2 图书馆、科技馆、文化中心、社区文化活动中心、青少年活动中心、综合健身馆、游泳馆、运动场、社区学校、养老院、日间照料中心等公益性设施应由政府投资实施,也可由政府有关部门与社会团体共建,但不能改变设施的公益性。

5.0.3 通过居住地区存量用地的提升与转型,完善服务、优化环境,逐步将既有公共服务设施向复合导向、多元需求的方向发展。宜将用地性质或建筑使用功能不适应区域或自身发展需要,存在利用效率低下,或对周边环境、交通等有较大影响的地块进行更新转型,用于社区公益性设施及活动场地的建设。

5.0.4 "政府－市场－市民－社团"四方应协同参与并推进居住地区公共服务设施的实施及运营,注重物业权利人和设计师及政府部门的协作,应充分发挥居民协商自治的作用。

附录 A 附 表

表 A.1 居住地区级公共服务设施设置标准

分类	序号	项目	内容	一般规模（m²/处）		控制性指标（m²/千人）		指导性指标（m²/千人）		备注
				建筑面积	用地面积	建筑面积	用地面积	建筑面积	用地面积	
文化	1	文化中心（馆）	图书阅览、棋牌、游戏、乒乓、电脑房、多功能厅等	10 000	6 000	50	30～40			每个行政区原则不少于1所
	2	图书馆	报刊、杂志、图书阅租等	4 000	4 000	20	20～25			每个行政区原则不少于1所
	3	青少年活动中心（科技馆）	科技、教育、文娱等	2 000	5 000	10～12	25～30			每个行政区原则不少于1所
		小计				80～82	75～95			
体育	4	体育场馆（中心）	足球场、篮球场、网球场、门球场、健身跑道、综合健身馆等	3 000	15 000	10～15	60～80			每个行政区设若干座
		小计				10～15	60～80			

续表 A.1

分类	序号	项目	内容	一般规模（m²/处）		控制性指标（m²/千人）		指导性指标（m²/千人）		备注
				建筑面积	用地面积	建筑面积	用地面积	建筑面积	用地面积	
教育	5	社会教育学院	学历/非学历教育，成人教育，职业教育等	15 000	25 000	30	50			每个行政区建1所
	6	特殊教育学校	弱智，盲，聋教育等	4 000	10000	10～13	25～35			每个行政区设若干所
		小计				40～43	75～85			
医疗卫生	7	区域医疗中心	门、急诊和住院服务，含区中心医院，中医院和中西医结合医院等	12 000～14 000	16000	45～70	70～100			
	8	老年护理院	老人治病，护理等	3 500	4 000	15	20			每个行政区建1所
	9	妇幼保健院（所）	妇女儿童公共卫生和基本医疗服务	4 000	6 000	3	4			每个行政区建1所
	10	精神卫生中心	精神疾病治疗，精神病人门诊治疗和住院治疗	15 000	12 500	22	18			每个行政区建1所
		小计				85～110	112～142			

续表 A.1

分类	序号	项目	内容	一般规模 (m²/处)		控制性指标 (m²/千人)		指导性指标 (m²/千人)		备注
				建筑面积	用地面积	建筑面积	用地面积	建筑面积	用地面积	
养老福利	11	养老院	养老、照护等	12 000	8 000	120	80			根据需求设置
	12	福利设施	残障人、未成年人等救助管理等							
		小计				120	80			
绿地	13	公园	景观、园艺等		40 000		350~500			
		小计					350~500			
市政	14	变电站	220kV变电设备		5 800		20~25			
	15	雨水泵站	排水设备		800~3 800		15~20			
	16	垃圾中转站	垃圾转运		1 000~3 000		10~30			
	17	市政营业所	给水、燃气、供电等	200		15			15	可综合设置

续表 A.1

分类	序号	项目	内容	一般规模(m²/处) 建筑面积	用地面积	控制性指标(m²/千人) 建筑面积	用地面积	指导性指标(m²/千人) 建筑面积	用地面积	备注
市政	18	消防站	救灾	1 600~2 300	2 400~4 800	8~12	12~24			
	19	社会停车场	公共停车和管理	400	1 500		15			用地30m²~35m²/车位
	20	公交换乘枢纽站	地铁地面交通换乘		1 000				5	可综合设置
	小计					23~27	72~114		20	
其他	21	民防骨干工程	一等人员掩蔽、医疗救护	2 000						可分设几处
	小计								20	
	合计					358~397	824~1 096		20	

表 A.2　居住区级公共服务设施设置标准

分类	序号	项目	内容	最小规模（m²/处）		控制性指标（m²/千人）		指导性指标①（m²/千人）		备注
				建筑面积	用地面积	建筑面积	用地面积	建筑面积	用地面积	
行政管理	22	街道办事处①	行政管理	1400~2000		14~20			18	每个街镇设置1处
	23	派出所	户籍、治安管理	1200~3000	1500~3000	12~30	15~30			每个街镇设置1处
	24	城市管理监督	城市市容管理等	200		4			6	
	25	税务、工商等①	专业管理	200		4			4	
	26	房管办	系统管理	100		2			2	
	27	社区事务受理服务中心①	行政和社区事务服务等	1000		10			6	每个街镇设置1处
	28	社区服务中心	中介、协调、指导、教育、综合为老服务等	1000		10			6	每个街镇设置1处
		小计				56~80	15~30		42	

续表 A.2

分类	序号	项目	内容	最小规模 (m²/处)		控制性指标 (m²/千人)		指导性指标 (m²/千人)		备注
				建筑面积	用地面积	建筑面积	用地面积	建筑面积	用地面积	
文化	29	社区文化活动中心(含青少年活动中心)②	多功能厅、图书馆、信息苑、社区教育等	4 500		90			100	每个街镇设置1处,服务半径1000m
	30	文化活动室⑩	棋牌室、阅览室等	100				6	100	每1.5万人设置1处
	31	社区学校⑪	老年大学、成年兴趣培训、职业培训、儿童教育、婴幼儿早期教育	1 000				20		每个街镇设置1处
		小计				90		26	100	
体育	32	综合健身馆⑫	乒乓球、棋牌、台球、跳操、健身房等	1 800	300	36	140		40	
	33	游泳池(馆)⑬	游泳池	800		16			60	
	34	运动场⑭	足球、篮球、网球、门球、健身苑、健身路道等							可结合绿地、广场、建筑内部或屋顶等设置,其用地面积是指室内的场地面积或室外的场地面积
		小计				52	140		100	

续表 A.2

分类	序号	项目	内容	最小规模（m²/处） 建筑面积	用地面积	控制性指标（m²/千人） 建筑面积	用地面积	指导性指标⑥（m²/千人） 建筑面积	用地面积	备注
教育	35	幼儿园	学龄前儿童390名	5500	6490	550	389~649			每1万人设置1处
	36	小学	5年制1125名学生	10800	21770	432	522~870			每2.5万人设置1处
	37	初级中学	4年制900名学生	10350	19670	414	472~787			每2.5万人设置1处
	38	高级中学	3年制1200名学生	13300	26800	266	322~536			每5万人设置1处
	39	养育托管点⑤	婴幼儿托管、儿童托管	360				12		每1.5万人设置1处
		小计				1662	1705~2842	12		
医疗卫生	40	社区卫生服务中心	医疗、防疫、保健、康复等	4000	4000	60~80	60			每个街道（镇）设1处，需独立用地
	41	药店⑤	中药、西药	200						
	42	卫生服务站	预防、医疗、计划生育等	150~200		10~15		10		可综合设置，每1.5万人设1处
		小计				70~95	60	10		

续表 A.2

分类	序号	项目	内容	最小规模（m²/处） 建筑面积	用地面积	控制性指标（m²/千人） 建筑面积	用地面积	指导性指标（m²/千人）[①] 建筑面积	用地面积	备注
商业	43	基础商业设施	商场、超市、餐饮等	2 000				150		可综合设置
	44	室内菜市场	副食品、蔬菜等	1 500		120			148	每 1.5 万人设置 1 处
	45	社区食堂[①]		200				16		每 1.5 万人设置 1 处
	小计					120		166	148	
养老	46	社区养老院	养老、护理	3 000		120	120			每 2.5 万人设置 1 处
	47	工疗、康体服务中心	精神疾病工疗、残疾儿童寄托、康复体服务等	800		16			32	
福利	48	日间照料中心	老人照顾、保健康复、膳食供应	200		40				每 1.5 万人设置 1 处
	小计					176			32	
绿地	49	公共绿地	公园绿地、开敞绿地等		3 000		2 000			
	小计						2 000			

续表 A.2

分类	序号	项目	内容	最小规模（m²/处） 建筑面积	最小规模（m²/处） 用地面积	控制性指标（m²/千人） 建筑面积	控制性指标（m²/千人） 用地面积	指导性指标⑥（m²/千人） 建筑面积	指导性指标⑥（m²/千人） 用地面积	备注
市政公用	50	变电站	110kV、35kV变电设备	800	1300~1800	16	26~36			可与变电站综合设置
	51	路灯配电室	配电设备	30	30	6			8	可综合设置
	52	市政营业所	煤气、给水、供电等	100	2500	10			25	
	53	环卫分所	清运生活垃圾、环卫管理	1000	2000	24~40				
	54	邮政支局	邮政、储蓄等	1200~2000	2000				40	每4万~6万人设1处
	55	通信局房	安装数据、固定电话、移动通信、有线广播电视	2000~3000	1500~2000	20~30			15~20	
	56	出租汽车场	调度、停车等	100	300	2			6	
	57	社会停车场	公共停车管理	10	1200	8	50			30m²~35m²/车位，可综合设置
	58	邮政所	邮政、储蓄等	160		2				每2万人设1处，可综合设置
	59	煤气调压站	机房	20	240	7			24	每1万人设1处
	60	环卫道班房		70		6			7	每2.5万人设1处
	61	公共厕所		60		6			6	每1万人设1处
	62	公交起迄站	停车、候车等	400	1000	20			50	每2万人设1处
		小计				121~147	76~86		181~186	

续表 A.2

分类	序号	项目	内容	最小规模 (m²/处)		控制性指标① (m²/千人)		指导性指标⑥ (m²/千人)		备注
				建筑面积	用地面积	建筑面积	用地面积	建筑面积	用地面积	
其他	63	民防工程	按《上海市结合民防工程审批管理实施细则》(沪民防〔2007〕105号)执行							
	64	设施预留用地					100			需独立用地
		小计				100				
		合计				2347~2422	4216~5378	214	603~608	

注：①街道办事处可与城市管理监督、税务、工商等组建社区行政管理中心。
②把原图书馆、文化馆、科技馆、青少年活动中心等组建社区文化活动中心。
③综合健身馆、游泳池、运动场等可集中设置为社区体育中心。
④社区服务中心、社区事务受理服务中心等可根据实际需要可综合设置。
⑤品质提升类设施(含表A.2、表A.3)可根据地区实际需求确定，总规模不宜低于100m²/千人。
⑥指导性指标包括可综合设置设施的用地指标及品质提升类设施千人指标。

表 A.3 街坊级公共服务设施设置标准

分类	序号	项目	内容	最小规模（m²/处）		控制性指标（m²/千人）		指导性指标（m²/千人）		备注
				建筑面积	用地面积	建筑面积	用地面积	建筑面积	用地面积	
行政管理	65	居民委员会	管理、协调等	200					33	可综合设置
	66	物业管理（含业委会）	房屋管理、维修等	120				30		含智能化管理
		小计				50		30	33	
体育	67	儿童游戏场	儿童活动		60~100				12~20	可结合绿地设置
	68	健身点	室内健身点、室外健身点		300				60	可结合绿地设置，每0.5万人设置1处
		小计							72~80	
商业	69	便利店及其他商店①	日用品、食用品等	100				100		可综合设置多处
	70	生活服务点①	修理服务、家政服务、菜店、快递收发、裁缝店等	100				20		
		小计						120		

续表 A.3

分类	序号	项目	内容	最小规模（m²/处）		控制性指标（m²/千人）		指导性指标（m²/千人）		备注
				建筑面积	用地面积	建筑面积	用地面积	建筑面积	用地面积	
文化	71	文化活动室	儿童阅览、亲子活动及文化交流等	100		30				可与老年活动室综合设置，每0.5万人设置1处
		小计				30				
养老福利	72	老年活动室	保健、日托、文娱活动等	200		60				可与文化活动室综合设置，每0.5万人设置1处
		小计				60				
绿地	73	公共绿地			400		2000			
		小计					2000			

续表 A.3

分类	序号	项目	内容	最小规模（m²/处）建筑面积	最小规模（m²/处）用地面积	控制性指标（m²/千人）建筑面积	控制性指标（m²/千人）用地面积	指导性指标（m²/千人）建筑面积	指导性指标（m²/千人）用地面积	备注
市政公用	74	非机动车停车①					720			自行车 1.5m²/车位、助动车 2m²/车位
	75	机动车停车①			350		180			30m²~35m²/车位
	76	配电所②	10kV 变配电设备	150		60			140	每 500 户～800 户设 1 处
	77	增压水泵房	机房	40	40	10			10	
	78	垃圾容器房或垃圾收集站③	收集垃圾、垃圾压缩	40~80	110~150	15			60	按照有关规定
		小计				85	900	150	210	
		合计				225	2 900	364	315~323	
居住区公共服务设施总计						2 572~2 647	7 116~8 278		918~931	

注：① 机动车和非机动车停车率指标参见表 A.5、表 A.6，地下停车不计入用地面积。

② 10kV 配电所可与建筑结合，也可独立设置，箱式配电所可减少用地。

③ 环境卫生设施标准按照 2010 年上海市人民政府令第 52 号公布的《上海市城镇环境卫生设施设置规定》以及相关环卫设施建设标准执行。

④ 品质提升类设施，非建筑面积（含表 A.2、表 A.3）可根据地区实际需求确定，总规模不宜低于 100m²/千人。

表 A.4　居住区级公共服务设施用地面积折算系数

设施类型 ＼ 地区	内环内地区	主城区内环外地区	新城、新市镇
派出所、设施预留用地	≥0.6	≥0.8	≥0.8
社区卫生服务中心	—	≥0.8	≥0.8
基础教育设施用地	≥0.6	≥0.8	≥0.8

注:"—"表示对用地面积不做强制性要求。基础教育设施指幼儿园、小学、初中与高中。

表 A.5　住宅机动车停车位指标

住宅类型	建筑面积类别	单位	配建指标		
			一类区域	二类区域	三类区域
商品房、动迁安置房	一类(平均每户建筑面积≥140m² 或别墅)	车位/户	1.2	1.4	1.6
	二类(90m²≤平均每户建筑面积＜140m²)	车位/户	1.0	1.1	1.2
	三类(平均每户建筑面积＜90m²)	车位/户	0.8	0.9	1.0
经济适用房		车位/户	0.5	0.6	0.8
公共租赁房(成套小型住宅)		车位/户	0.3	0.4	0.5

表 A.6　住宅非机动车停车位指标

建筑面积类别	单位	配建标准		
		一类区域	二类区域	三类区域
一类(平均每户建筑面积≥140m² 或别墅)	车位/户	0.8	0.5	0.5
二类(90m²≤平均每户建筑面积＜140m²)	车位/户	1.0	0.9	0.9
三类(平均每户建筑面积＜90m²)	车位/户	1.2	1.1	1.1

表 A.5、表 A.6 注：

1 对于一类住宅，当户均面积超过 140m² 后，每递增 100m² 配建指标相应增加 1.0车位/户。

2 新建住宅含多种类型时，总体配建车位指标为分别按各类型住宅对应指标计算车位数后累加。

3 动迁安置房配建停车位指标可经交通影响评价后适当降低，降幅宜在 20% 以内。

4 租赁住房配建机动车停车位和非机动车停车位的指标，可在经济适用房标准基础上适当降低，同时应符合我市租赁住房相关标准要求。

5 一类区域指内环线内区域（包含中央商务区、市级中心）、市级副中心，世博会区域；二类区域指内外环间区域（除一类区域外），郊区新城、虹桥商务区、国际旅游度假区；三类区域指外环外区域（除一类和二类区域）。

本标准用词说明

1　为了便于在执行本标准条文时区别对待,对要求严格程度不同的用词说明如下:

1）表示很严格,非这样做不可的用词:

正面词用"必须";

反面词用"严禁"。

2）表示严格,在正常情况下均应这样做的用词:

正面词用"应";

反面词用"不应"或"不得"。

3）表示允许稍有选择,在条件许可时,首先应这样做的用词:

正面词用"宜";

反面词用"不宜"。

4）表示有选择,在一定条件下可以这样做的用词,采用"可"。

2　标准中应按其他有关标准、规范执行时,写法为:"应符合……规定"或"应按……执行"。

引用标准名录

下列文件对于本标准的应用是必不可少的。凡是注日期的引用文件,仅注日期的版本适用于本标准。凡是不注日期的引用文件,其最新版本(包括所有的修改单)适用于本标准。

1 《城市居住区规划设计标准》GB 50180

2 《城市通信工程规划规范》GB/T 50853

3 《城市电力规划规范》GB 50293

4 《环境卫生设施设置标准》CJJ 27

5 《城市消防站建设标准》建标 152

6 《建筑工程交通设计及停车库(场)设置标准》DG/TJ 08－7

7 《集约化通信局房设计规范》DG/TJ 08－2023

8 《无障碍设施设计标准》DGJ 08－103

9 《道路清扫保洁作业道班房设置和设计要求》DB21/T 560

上海市工程建设规范

城市居住地区和居住区
公共服务设施设置标准

DG/TJ 08－55－2019
J 10059－2019

条文说明

2020　上海

目　次

Contents

1 总 则

1.0.1　自1973年上海市有关部门编制居住区公共建筑定额指标以来,市建委先后于1988年、1996年、2002年三次修订并颁布了《城市居住区公共服务设施设置标准》(最新版本为DGJ 08-55-2002)。市建委2004年颁布的《普通中小学校建设标准》DG/TJ 08-12-2004对学校用地面积指标进行了较大幅度的调整。为了使《城市居住区公共服务设施设置标准》DGJ 08-55-2002与《普通中小学校建设标准》DG/TJ 08-12-2004相协调,修订《城市居住区公共服务设施设置标准》DGJ 08-55-2002,同时修订《城市居住地区级公共服务设施设置标准》DGJ 08-91-2000,并将两个标准合并成《城市居住地区和居住区公共服务设施设置标准》DGJ 08-55-2006(以下简称2006《标准》)。

　　近年来,上海市面对庞大的人口规模和多元复杂的社会结构,在应对居住地区的提升型诉求、设施用地的集约复合化利用、实施效能及公众参与度等方面都有待提高。同时,在2006《标准》施行的十余年间,上海市颁布了《上海市控制性详细规划技术准则(2016年修订版)》《上海市城市更新实施办法(2015)》等一系列技术文件,一些行业规范也进行了新一轮修订,2006《标准》部分条文及指标已不适用。因此,结合《上海市城市总体规划(2017-2035年)》提出的构建15分钟社区生活圈的要求,对2006《标准》进行修订,通过对居住地区公共服务设施配置体系的优化完善来切实提高城市生活的幸福指数,体现新时期规划实施与社区管理的转型。

1.0.2　本标准适用范围是本市行政区域内城市化地区新建的居住地区和居住区的规划、设计、建设和管理。城市化地区是指市域范围内的主城区、新城和新市镇。新建的居住地区和居住区是指户均住宅建筑面积 $60m^2 \sim 140m^2$ 的居住地区和居住区。

新建的居住地区和居住区的公共服务设施按照规划要求、配套标准和建设程序同步配套建设。旧区改造的公共服务设施建筑面积可以本标准为参考,考虑到旧区所处的区位不同,不达标的公共服务设施会有所不同,因此,旧区改造可以根据实际情况进行差别配置,但用地面积不得小于现状用地面积或不得小于控制性编制单元规划所确定的面积。已建居住地区和居住区的公共服务设施,以改造和补充为主,采用新建、改建、置换、租赁、共享等多种手段,逐步提高、完善配套设施。新城、新市镇的居住地区和居住区的公共服务设施兼有为周边农村地区服务的功能且相对独立,可根据实际需要适当提高配置标准。户均住宅建筑面积 $>140m^2$ 或 $<60m^2$ 的居住区公共服务设施配置可参照本标准适当调整。

根据第六次人口普查资料,上海家庭户的户规模不断缩小,由 1949 年的户均 4.9 人下降到 2010 年的 2.5 人。住房市场持续较快发展,市民居住水平不断提高。至 2010 年年底,市区人均住房居住面积达到 $17.5m^2$,按"城镇常住人口"计算的人均住宅建筑面积由 2000 年的 $16.4m^2$ 上升到 2010 年的 $24.5m^2$,已达到较高水平。从住宅套型的分布情况来看,现状住宅的分布呈现"圈层式"的结构,即从中心城内环以内至中心城内外环之间至外环以外,主导套型住宅的建筑面积递增,呈现"内小外大"的格局。内环以内的黄浦、静安、卢湾三区小套型住宅比重偏高,$40m^2$ 以下的住宅套比达 20%,居住条件相对局促的老旧住房较多;中心城浦西地区的徐汇、长宁、普陀、虹口、杨浦五个区以 $40m^2 \sim 60m^2$ 的小套型以及 $60m^2 \sim 90m^2$ 的中套型住宅为主;浦东新区以及宝山、闵行、嘉定、松江、青浦、奉贤、金山、崇明等郊区普遍以 $60m^2 \sim 120m^2$ 的中套型住宅为主,具有一定的合理性。从住宅套型结构的变化历程来看,2000 年以来,随着住房市场化深入推进,住宅面积标准基本被放开,大面积套型住宅发展越来越快,新建住宅套型比例不尽合理,60m²～90m²的中小套型普通商品住房数量偏少,虽满足了一部分富裕阶层的需求,但与大部分有购房需求居民的实际要求脱节较大。由于"70、90"政策执行力度有限、保障性住房建设规模效应尚未完全显现,全市整体住房供应结构呈现出底部仍旧偏大、中间略显不足的"结构性缺乏"的基本特征,全市住房困难群体数量和比重仍然较大,住房供应结构有待进一步完善。因而,《上海市住房发展专项规划(2017)》明确提出,将持续增加中小套型住宅供应,近期加大60m²～70m²小套型住宅建设力度,远期适度增加90m²～100m²中等套型住宅。同时考虑现有的大套型住宅设计情况,建议户均住宅建筑面积为60m²～140m²。

1.0.3 土地是不可再生资源,节约用地是基本国策。加强对于资源约束下存量空间利用的考量,不同功能的居住区公共服务设施宜综合设置,共享使用。总平面布置在满足服务功能和公共安全的前提下,应充分利用地上、地下空间。对新建地区和有条件进行改造的区域,宜设置"一站式"设施综合体,容纳文化活动、医疗康体、生活服务、商业零售等多样功能。

2 术 语

2.0.5 控制性指标是指不能根据市场行为进行调节,而是项目必须配置的指标。

2.0.6 指导性指标是指根据住区实际诉求及现状设施条件等,可以进行调节的项目指标。

3 公共服务设施布局原则与设置要求

3.1 基本规定

3.1.1 考虑到上海超大城市的特点,居住的结构层次按规模可分为居住地区、居住区和街坊三个等级。居住地区没有对应的行政辖区,一个行政区可以划分为若干个居住地区。

2006《标准》将公共服务设施配置层级划分为居住地区、居住区、居住小区与街坊四级,其中居住小区对应的人口规模为 2.5 万人。我国的居住区规划源自 20 世纪 50 年代从苏联引入的居住小区规划理论,在这一体系中,居住小区最初对应半径 400m 的空间尺度和 1 所小学服务的人口规模。在随后的实践过程中,半径 400m 的空间尺度被相对弱化,住区公共服务设施设置形成了以人口规模为主的原则,主要依据千人指标进行垂直层级的计划分配。因而,在 2006《标准》中,将居住小区一级设施与小学与中学的服务人口 2.5 万人挂钩,定为相同的服务人口规模。但根据上海居住区近年来逐步转向市场开发的建设发展情况,与最初以政府为主导的规划建设情况已有所不同。同时基于街区小尺度、路网高密度的发展趋势,居住小区规模逐步趋向小型化发展,原设定的对接中学、小学 2.5 万服务人口的规模分级已不适宜。因而,在本次修订中取消居住小区这一等级,将原等级配置的设施调整至合适的等级中。

国家标准《城市居住区规划设计标准》GB 50180－2018 将与居住区对应的 15 分钟社区生活圈居住人口规模定为 4.5 万～7.2 万人,考虑到上海街道行政辖区的人口一般在 5 万～10 万人,所以本次修订的居住区规模仍定在 5 万人左右。如果是 10 万人一个街道,那么,一个街道含两个居住区。上海居委会管辖人口规模一般在 0.4 万~0.5 万人,因此,对应街坊人口规模定在 0.5 万人。

3.1.2 根据居住地区和居住区人口规模配置不同层次的公共服务设施,设施的配建水平应以每千名居民所需的建筑和用地面积(简称千人指标)作为控制性指标。

其建筑和用地面积可按人口规模插入法计算。当人口规模小于 10 万人时,可以适当扩大居住区公共服务设施的配置规模;当人口规模大于 10 万人、小于 20 万人时,按照地区级公共服务设施配置指标,考虑所在区域周边设施的配置状况,兼顾设施规模的经济合理,适当配置一些地区级公共服务设施项目。当人口规模大于 20 万人时,按照地区级公共服务设施配置指标配置。同时应根据规划用地四周的设施条件,对配套设施项目进行总体统筹。以人口规模处于街坊和居住区之间为例,配套设施应优先保障街坊级配套设施的配置完整,同时对居住区所在周边地区居住区级配套设施配置的情况进行校核,然后按需补充必要的居住区级配套设施。如规划用地周围已有相关配套设施可满足本居住区使用要求时,新建配套设施项目及其建设规模可酌情减少;当周围相关配套设施不足或规划用地内的配建设施需兼顾为附近居民服务时,该配建设施及其建设规模应随之增加以满足实际需求。在规划布局形式上,可根据所处区位、周边环境等具体情况综合考虑、合理布局。

各层级配套设施的千人指标为包含关系。例如在控制性详细规划中,规划居住区级配套设施,用地面积和建筑面积指标可直接使用本标准表 4 中的相关指标,但计算居住区内所有设施用地或建筑面积,应叠加居住区级和街坊级的配套设施用地面积和建筑面积。

3.1.3 将配套指标分为控制性指标和指导性指导两类,将公益性设施和满足居民生活基本需求的设施的建筑面积,及其中必须设置独立用地的设施的用地面积列为控制性指标,控制性指标是指必须满足的下限标准。指导性指标是可结合住区实际诉求和现状设施条件,可调节的标准,部分基础保障类设施如社区文化活动中心、综合健身馆、室内菜场等用地面积为指导性指标。

3.1.4 城市规划管理部门应按规划控制公共服务设施用地,不得随意更改和取消。随着经济的发展,居民生活水平的提高,必然会产生新的社会需求,规划应为设置新的不可预见的项目留有余地。土地是不可再生资源,备用地的设置为居住区可持续发展提供了重要的土地资源。备用地的使用应由政府进行控制。备用地在未确定建设项目前,可由有关部门组织建设临时绿地等,时机成熟时再按规划建设永久性公共服务设施。

当居住区规划人口达到 5 万人以上时,在规划中要设置居住区公共服务设施发展备用地,满足 $100m^2$/千人 的要求。公共服务设施备用地主要用于公益性设施的建设。

3.1.5 应包括基础保障类设施和品质提升类设施两大类。其中基础保障类设施是满足社区居民基本生活需求、应当设置的设施;品质提升类设施是为了提升社区居民的生活品质,满足多元人群的差异化需求,根据人口结构、行为特征、居民需求等可选择设置的设施。

公共租赁房应根据人口结构特征,关注中青年人群在文化体育和幼儿托管方面的需求。

3.1.6 网格化管理是一种先进的管理方法,将网格化管理的思想运用到社区设施建设管理中,统筹发挥各类设施资源的作用,提高政府管理社区、服务社区的效率和水平。规划提倡设施功能的多样性和综合性,不同系统但功能相近的设施合并设置,配置指标可适当调整。

社区公共服务设施应统一规划,统筹兼顾;合理布局,便民利民;因地制宜,差别配置;形式多样,资源共享。

3.1.7 公共服务设施应与住宅同步规划、同步建设、同步投入使用,对于因分期建设而暂不实施的公共服务设施,其用地可按实施条件设置临时绿地等,不得挪作他用。

3.2 布局原则

3.2.1 构建适宜的城镇社区生活圈网络。按照 15 分钟步行可达的空间范围,结合街道等基层管理需求划定,平均规模为 $3km^2 \sim 5km^2$,服务常住人口为 5 万~10 万人,以 500m 步行范围为基准,划分包含一个或多个街坊的空间组团,配置日常基本保障性公共服务设施和公共活动场所。

3.2.2 依托轨道交通站点、公交枢纽等空间,综合设置社区行政管理、文体教育、康体医疗、养老福利、商业服务网点等各类公共服务设施,既为一次出行完成多种活动提供方便,又可以增加公共交通非高峰时间的客流,有利于提高公共交通的经营效益。同时,围绕轨道交通站点,完善慢行接驳通道和"B+R"(自行车+换乘)设施。对居住区内的次干路、支路规划设计应遵循慢行优先的路权分配原则,采取分隔、保护和引导措施,保障慢行交通的安全性。

3.2.3 鼓励居住地区各类公共服务设施与场地间的复合化设置。鼓励各类公共服务设施沿街道布局,促进公共设施、公共空间被更多的市民共享;福利设施与医疗设施宜相邻设置,并通过设置公共通道共享场地与医疗资源;宜结合社区文化活动中心设置室内体育设施;宜在社区公共绿地中设置一定比例的体育活动设施与场地。

3.3 设置要求

3.3.1 20 万人的居住地区和 5 万人的居住区,需要有一个聚集商业、服务、文化、娱乐等多种设施的地区级和居住区级公共活动中心。各类设施相对集中设置既能适应市场需求和商业经营,又有利于优化资源配置,形成有特色的公共活动中心。

3.3.2 社区文化活动中心是由政府主办,以街道、新市镇为依托,以满足社区群众基本文化需求为目标的公益性、多功能设施。社区文化活动中心应向社区居民提供书报阅读、展示展览、团队活动、党员服务、健身锻炼、科普教育、心理辅导、娱乐休闲、网络信息、慈善互助等各类公共文化服务,尤其应注重设置适合社区老年人、青少年、残疾人、妇女儿童和外来建设者等群体的服务项目。

按照节约用地原则,可通过新建、改建、扩建和调整、共享、租赁、收购等多种形式,推进社区文化活动中心建设。社区文化活动中心一般服务半径为500m~1000m,服务人口为5万人,人口超过10万人的居住区可增设1个社区文化活动中心。应将社区信息苑、文化信息共享工程基层服务点和社区图书馆电子阅览室整合在一起,提供"一站式"服务。

3.3.3 体育设施主要指向社会开放的公共体育活动场所。上海现有人均体育场地面积较少,尤其是主城区的社区公共运动场所十分稀缺。因此,在新建的居住地区设置综合性的体育场馆或体育活动中心很有必要。

应构建全民健身服务体系,建设城市社区15分钟健身圈。公共体育与教育、卫生、文化等功能设施宜复合设置,并充分利用沿江、公园、林带、屋顶、人防工程、办公楼宇、旧厂房、仓库、老旧商业设施等,重点建设一批便民利民的中小型体育场馆、市民健身活动中心、户外多功能球场、健身步道、自行车健身绿道等场地设施。到2020年,本市人均公共体育用地面积达到$0.5m^2$以上(不含康体用地)。

3.3.4 学校内运动场、图书馆宜相对独立布置,在有条件的情况下可以向社会开放。学校体育设施开放率应达到86%,每周累计开放时间不少于21h。当其运动场或图书馆向社会开放并符合规模要求、开放时间要求时,可计入居住区级体育、文化设施指标。

2006《标准》采纳了《普通中小学校建设标准》DG/TJ 08-12-2004 中生均用地面积和生均建筑面积指标。但从容积率来看,2006《标准》中本市新建中小学容积率在 0.48~0.52 之间,较难符合上海市集约用地的发展策略。从基础教育设施指标构成来看,绿地率指标控制是导致生均用地指标偏高的原因,2006《标准》未涉及基础教育设施绿化率指标。《普通中小学校建设标准》DG/TJ 08-12-2004 中要求集中绿化用地面积,中学不宜低于 $3m^2$/生,小学不宜低于 $4m^2$/生。《普通幼儿园建设标准》DG/TJ 08-45-2005 中要求幼儿园集中绿地的面积,中心城外不得低于总用地面积的 20%,中心城不得低于总用地面积的 15%。由于 $400m^2$ 以上的绿地方能计为集中绿地,使得基础教育设施用地内的绿化用地设计受到较大限制。根据教育部门提出的"上海基础教育用地分为三部分,即校舍建筑用地约占 50%、体育活动场地约占 30%、集中绿化用地约占 20%",对中心城基础教育设施用地进行估算,在现行用地标准中即便扣除 20% 的集中绿化用地,剩余用地的绿地率仍可达到 25% 以上。因而为促进规划切实落地,本次修订按照上海市《关于加强社区公共服务设施规划与管理的意见》(2006)中的规定,适当缩减了基础教育设施用地。具体措施为:内环线以内设施参照标准的 60% 设置,建筑面积按标准设置;主城区内环外地区以及新城、新市镇设施用地面积参照标准的 80% 设置,建筑面积按标准设置。考虑到中心城内大多数地区是建成的成熟地区,用地十分紧张,在旧区改造中学校用地难以按新标准落实的可有一定比例的折减,但必须大于改造前的用地面积。

为满足人民群众对托育服务的日益强烈需求,根据上海市《关于促进和加强本市 3 岁以下幼儿托育服务工作的指导意见》(2018)要求,本次标准修订一方面推进托幼一体化的建设引导,鼓励有条件的区在新建配套幼儿园时,落实托班的建设要求,缓解本市入托的供需矛盾,另一方面鼓励社会组织、企业、事业单位和个人提供托育服务,对托育机构提出设置标准。

3.3.5 上海将建立以区域医疗中心和社区卫生服务中心为主要构架的医疗服务体系。区域医疗中心服务人口 20 万人以上,居住地区可设置区域医疗中心或区域医疗中心的分支机构。

社区卫生服务中心应按照街道(镇)所辖范围规划设置,每个街道(镇)应当设有 1 所,人口超过 10 万人的街道(镇),每新增 5 万~10 万人口应增设 1 所。社区卫生服务中心提供综合、公平、可及的预防、医疗、保健、康复、健康教育和计划生育技术指导等服务,从事一般常见病、多发病的诊疗,以及诊断明确、病情稳定的慢性病的诊疗、保健和康复。

根据居住区地域及人口分布状况,社区卫生服务中心可按有关规定下设若干个社区卫生服务点,并实行统一管理。社区卫生服务点每 1.5 万人应设置 1 处。

3.3.6 设施可通过市场行为进行配置和调节。商业设施的分类宜粗不宜细。餐饮、酒吧、KTV、室内菜场等对居民有影响的设施不应与住宅、SOHO 等综合设置。

室内菜场的服务半径宜为 500m(郊区 800m)左右。根据《上海市菜市场布局规划纲要》(2007)要求,应加强菜市场与其他公益性民生设施的集中统筹建设。可结合菜市场,同步配置早点供应、买菜、便民修配、主渠道报刊杂志销售等各类公共服务配套设施。室内菜场一般宜设于建筑底层,不高于 2 层。新建的独立菜市场要配有相当于菜市场建筑面积 20%以上的用地,与其他建筑合建的菜市场要保证相当于菜市场建筑面积 15%以上的用地,作为商品卸货场地和非机动车停放场地。

3.3.7 社区建设是社会保障体系的基础,随着企业办社会向社区综合管理方向转变,街道(镇)承担了越来越多的责任和义务。至 2018 年,上海已有 220 余个街道(镇)建立了社区服务中心和社区事务受理中心,全市居委会也基本建立分中心或老年活动室。因此,每个街道(镇)都要设立社区服务中心和社区事务受理服务中心。

2015 年末,上海户籍 60 岁及以上老年人口已达到 436 万,2020 年上海户籍老年人口将达到 531 万,至 2030 年左右将达到峰值(约 593 万)。老年人口高龄化、空巢化现象显著,高龄人口持续增长,对专业护理服务以及社区居家养老服务设施提出更高的要求,社区配置多元功能需求强烈。行政区级和居住区级养老机构养老床位数应按 2030 年峰值户籍老年人口的 3% 预留空间。至 2040 年,全市社区居家养老服务设施应实现城镇住区全覆盖。

3.3.8 上海由于新增用地紧张、存量土地开发成本高、居住密度趋高等原因,居住地区公共服务设施与活动场地的实施难度加大。因而,本次标准修订减弱对独立用地的管控,引导各类公共服务设施集约与复合化设置,以提升土地使用效能。同时对内环内地区、主城区内环外地区和新城、新市镇三类地区中执行确有困难的建成区,在保证设施建筑面积符合设置标准的前提下,允许用地面积可有一定比例的折减。

3.3.9 社区体育中心、社区医疗卫生中心的服务半径不宜大于1000m。

市级和区级文化、体育设施 500m 范围内的居住人口,可不计入居住区级文化、体育设施的服务人口。

3.3.10 地区级公园用地规模 4hm^2 以上,服务半径约为 2000m;居住区级公园用地规模 0.3hm^2 ~ 4hm^2,服务半径为 500m ~ 1000m;街坊公共绿地每一块面积不小于 400m^2。

根据《上海市 15 分钟社区生活圈规划导则》(2016)要求,小型公共绿地的服务半径不宜超过 300m,有条件的地区覆盖率宜达到 100%。公共活动中心区以及居住人口密度大于 2.5 万人/km^2 的居住社区内,小型公共空间的服务半径不宜超过 150m。

3.3.11 停车配置采取"以配建停车为主,公共停车补充"的策略。在落实配建停车泊位的基础上,针对布局不平衡或现状设施规模短缺的情况,根据合理服务半径内的用地情况,补充配置公共停车场(库)。公共停车场(库)宜与公共设施结合设置。对于大型群众活动的广场、体育场等,应分区就近布置停车设施。在需要配置公共停车场(库)的地区,公共停车场(库)的服务半径,在公共活动中心区不宜大于 300m,在其他地区不宜大于 500m。

本标准中公共服务设施的停车指标参照《建筑工程交通设计及停车库(场)设置标准》DG/TJ 08−7−2014。每处公共停车场(库)的机动车泊位数宜控制在 50 个～200 个,不应大于 300 个。机动车公共停车场(库)的用地面积应按当量小汽车的停车位数计算。小汽车按平均每户大于等于 0.8 停车位,以每户 2.8 人、单位停车用地面积 $30m^2$～$35m^2$、地面停车位以不超过 10% 计,人均小汽车停车用地面积 $0.67m^2$～$0.78m^2$;自行车按平均每户 1.0 个停车位,自行车单位停车用地面积 $1.5m^2$,助动车单位停车面积 $2.0m^2$,地面停车位以不超过 30% 计,人均自行车停车用地面积约 $0.18m^2$。

地面停车场的用地面积,每个停车位宜控制在 $25m^2$～$30m^2$;停车楼和地下停车库的建筑面积,每个停车位宜控制在 $30m^2$～$35m^2$。机动车公共停车场(库)的出入口宜设置在次干路或支路上,若必须设置在主干路上,则应位于距交叉口最远处。不大于 100 个停车位的机动车公共停车场(库),可设 1 个出入口。大于 100 个停车位的机动车公共停车场(库),出入口不应少于 2 个。大于 100 个停车位的机动车公共停车场(库)的出入口与周边住宅、基础教育设施、医院、养老院等建筑物之间应设置相应的防护距离。

在居住区规划中停车应尽量少占用地面空间,提倡采用地面和地上及地下(或半地下)结合的停车方式。小汽车停车库(场)的布置方式可采用地面停车、地下停车库、建筑底层架空停车,也可以与公建结合的多层停车库等,要有利于节约土地资源和居住环境质量的提高。地面停车场应尽量避免大片的硬质铺砌,可采用植草砖等材料,在车位之间可种植一些树木。

停车库(场)内的布局应考虑使用方便,其服务半径不宜超过150m,且应与居住区内部道路之间保持合理通畅的交通联系。

3.3.12 公共服务设施应按照《无障碍设施设计标准》DGJ 08－103－2003 及《无障碍设计规范》GB 50763－2012 的要求设置无障碍设施。

3.3.13 市政基础设施应根据专业规划设置。220kV 变电所宜靠近 220kV 高压走廊,方便出线;35kV 变电所与住宅应有一定的安全距离;应符合《城市电力规划规范》GB 50293－2014。雨水泵站应靠近河道设置。消防站必须沿路设置,应符合《城市消防站建设标准》(建标 152－2017)。环卫分所和垃圾中转站必须独立设在居住地区边缘,并与住宅有绿化隔离,应符合《上海市城镇环境卫生设施设置规定》(2010)及《环境卫生设施设置标准》CJJ 27－2012。环卫道班房应符合《道路清扫保洁作业道班房设置和设计要求》DB21/T 560－2011 设置要求。社会停车场宜靠近地区和居住区中心位置。通信局房应符合上海市《集约化通信局房设计规范》DG/TJ 08－2023－2007 设置要求。

3.3.15 根据《上海市结建民防工程审批管理实施细则》(2007)要求,10 层(含)以上的民用建筑按首层建筑面积配建,9 层(含)以下的民用建筑,基础埋深大于 3m(含)的按首层建筑面积配建,基础埋深小于 3m 的按地上总建筑面积的 2% 配建。地上建筑面积在 7000m² 以上的民用建筑建设项目应按规定或规划要求结合修建抗力等级为五级(含)以下的民防工程。

3.3.16 为进一步发挥上一层次公共服务设施的作用,以实现资源的有效配置和利用,上一层次的公共服务设施可与部分下一层次同类型公共服务设施结合设置,可根据设施服务半径计算重叠的服务人口,适当折减设施配置指标。

4 公共服务设施设置指标

4.0.1 结合国内外标准经验及鼓励市场为主配置经营性设施的导向,本次修订减弱对居住地区级经营类设施管控,取消商业金融分类下的大型商场、商品专业店、服务专业店、餐饮、金融机构五项设施,取消文化分类下的书店、小型博物馆两项设施的控制性与指导性指标。

因而修订后,居住地区级设施总建筑面积千人指标由 $678m^2 \sim 722m^2$ 减少到 $358m^2 \sim 397m^2$,总用地面积千人指标由 $1102m^2 \sim 1368m^2$ 减少到 $844m^2 \sim 1116m^2$。

4.0.2 本次修订减弱对居住区级商业、金融类设施的管控,仅通过基础商业设施一项,引导居住区级商场、超市、餐饮等设施配置。因而修订后,居住区(含居住区级、街坊级)商业、金融设施总建筑面积千人指标由 $771m^2$ 减少到 $406m^2$。

为进一步界定养老设施配置内容,并结合最新行业标准,本次修订将原社区服务类设施修改为养老福利类设施,并优化原社区服务下的小类设施内容及指标,增加日间照料中心,取消家政服务站,并将公共活动站、文化活动室项目修订至文化类。修订后,居住区(含居住区级、街坊级)养老福利设施总建筑面积千人指标由 $250m^2$ 减少到 $236m^2$,居住区(含居住区级、街坊级)文化设施总建筑面积千人指标由 $108m^2$ 增加到 $146m^2$。

修订后,居住区(含居住区级、街坊级)公共服务设施总建筑面积千人指标由 $3329m^2 \sim 3377m^2$ 减少到 $2936m^2 \sim 3011m^2$。

4.0.3 结合上海土地利用发展趋势,本次修订减弱对设施用地面积千人指标的控制性管控,为鼓励设施间集约复合设置而转为指导性指标。居住区(含居住区级、街坊级)公共服务设施总用地面积的控制性千人指标由 8 507m^2～8 982m^2 减少到 7 116m^2～8 278m^2,指导性千人指标由 0m^2 增加到 918m^2～931m^2。

本次修订减弱对商业、金融类设施的管控,居住区(含居住区级、街坊级)商业、金融设施千人用地指标由 506m^2 减少到 148m^2。同时适当减小基础教育设施用地,修订后,千人用地指标由 2 842m^2～3 297m^2 减少到 1 705m^2～2 842m^2。修订同时增加机动车停车库、绿地用地配置,市政设施千人用地指标由 1 325m^2～1 330m^2 增加到 1 367m^2～1 382m^2,绿地千人用地指标由 3 000m^2 增加到 4 000m^2。

修订后,居住区(含居住区级、街坊级)公共服务设施总用地面积千人指标由 8 507m^2～8 982m^2 调整至 8 034m^2～9 209m^2。